# ANALYSE



# EAUX MINÉRALES DU JAPON

Par M. Edouard FILHOL

Professeur de chimie à la Faculté des Sciences de Toulouse

TOULOUSE

IMPRIMERIE DOULADOURE

39 RUE SAINT-ROME, 39

1878

# ANALYSE



## DE DIVERSES EAUX MINÉRALES DU JAPON;

Dans le courant de l'année 1875, M. le docteur Vidal, qui a pendant longtemps habité Yokohama et qui est actuellement établi à Tomioka, eut la bonté de m'envoyer une caisse contenant plusieurs bouteilles d'eaux minérales recueillies dans les montagnes du Japon. Son envoi contenait, en outre, des dépôts et des incrustations pris, soit au sein même des eaux, soit sur les bords des sources.

Quoique la quantité de chacune des eaux dont j'ai disposé ne fût pas considérable, il m'a été possible d'en faire, vu la riche minéralisation qu'elles possèdent, une étude assez complète pour donner une idée exacte de leur composition. Celle-ci, comme on le verra bientôt, est assez remarquable.

Les bouteilles que j'ai trouvées dans la caisse portaient les désignations suivantes :

1° Eau de Koussats ;

2° Eau de Kawara ;

3° Eau de Kami-Isobé-no-You.

Les eaux de Koussats et de Kawara sont thermales ;

Celles de Kami-Isobé-no-You sont froides ;

Celles de Koussats sont acides, sulfurées et ferrugineuses ;

Celles de Kawara sont sulfurées et salines ;

Celles de Kami-Isobé-no-You sont salées, alcalines, iodurées et riches en acide borique.

## 4. EAU DE KOUSSATS.

Il y a plusieurs sources à Koussats ; elles naissent à peu de distance les unes des autres et suffisent à l'exploitation de plusieurs établissements de bains. Réunies, elles couvrent une vaste surface et se précipitent du haut d'un rocher en formant une cascade d'eau chaude. La température des diverses sources est comprise entre 61 et 67 degrés centigrades.

La saveur de ces eaux est fort désagréable et à la fois acide, styptique et atramentaire.

Suivant une analyse faite à Yedo par un chimiste dont je regrette de ne pas connaître le nom, leur composition pourrait être représentée de la manière suivante :

| | | |
|---|---|---|
| Acide sulfurique libre........... | 4 gr. | 34 |
| — chlorhydrique libre......... | 0 | 85 |
| Sulfate d'alumine............... | 1 | 18 |
| — de fer.................. | 0 | 22 |
| Sulfates alcalins................ | 0 | 80 |
| Total.......... | 4 gr. | 39 |

D'après les renseignements que je dois à M. Vidal, l'eau de Koussats dégage une quantité notable d'acide sulfhydrique. On trouve dans le fond des réservoirs ou des piscines, ainsi que dans les tuyaux de conduite, un dépôt pulvérulent, tantôt blanc, tantôt d'un beau jaune de soufre. Le dépôt le plus jaune, dont M. Vidal a recueilli une certaine quantité dans un conduit en bois, avait près de deux pouces d'épaisseur. Séché à l'air libre, il est devenu d'un jaune très-pâle.

Les échantillons de ces dépôts que j'ai reçus étaient constitués par du soufre presque pur.

En dehors de l'eau, sur les plantes et à l'air libre, on trouve des incrustations minérales blanches, très-dures, insolubles dans l'eau. Enfin, sur les parois des rochers, où suintent de minces filets d'eau, M. Vidal a recueilli des cristaux jaunes qui lui ont paru être du soufre pur. Nulle part il n'a aperçu la moindre trace de sulfuraire ou de barégine, ce qui n'a rien d'extraordinaire, au moins pour ce qui concerne la sulfuraire, car on ne la rencontre jamais dans des eaux dont la température est aussi élevée; en outre, tout porte à penser qu'elle ne s'accommoderait pas d'un milieu contenant de l'acide sulfurique et de l'acide chlorhydrique libre.

Comme on le pense bien, l'eau minérale que j'ai reçue ne contenait plus la moindre trace d'acide sulfhydrique; elle avait été complétement désulfurée pendant le transport; cependant cette eau doit être assez sulfurée, au moins si l'on en juge par l'abondance des dépôts de soufre qu'elle produit; toutefois sa température élevée d'une part et, d'autre part, la nature même du composé sulfuré qu'elle tient en dissolution, qui ne peut être que de l'acide sulfhydrique libre, doivent la rendre très-altérable. Une bonne partie de l'hydrogène sulfuré doit se dégager presqu'immédiatement dans l'atmosphère, et la portion qui ne se dégage pas doit être rapidement détruite par l'action oxydante de l'air. Quoique très-ferrugineuse, l'eau de Koussats donne lieu à un dépôt de soufre sensiblement pur. Le fer est retenu en dissolution dans la liqueur acide, à l'état de sel de protoxyde.

Dans les piscines où se plongent les baigneurs, l'eau est presque toujours trouble et laiteuse; il suffit d'agiter au contact de l'air l'eau prise à la source même pour la rendre aussi trouble et laiteuse. La matière qui détruit sa limpidité est, à n'en pas douter, du soufre très-divisé provenant de l'action de l'air sur l'acide sulfhydrique.

## EAU DE KOUSSATS.

### 1. SOURCE DE GOZA-NO-YOU.

*Température 65 degrés centigrades.*

L'eau de Goza-no-You est limpide, sans odeur; elle rougit la teinture de tournesol; elle décompose les carbonates alcalins en produisant une vive effervescence ; elle donne, avec le cyanure jaune de potassium et de fer, un précipité d'un bleu clair, et avec le cyanure rouge, un précipité d'un beau bleu foncé ; elle réduit rapidement les sels d'or, comme le font les solutions de sels de protoxyde de fer.

Le chlorure de barium produit dans l'eau de Koussats un abondant précipité blanc insoluble dans l'acide azotique étendu.

L'azotate d'argent donne dans cette eau minérale un très-abondant précipité de chlorure d'argent.

L'ammoniaque y occasionne la formation d'un précipité gélatineux, soluble dans la potasse caustique.

L'oxalate d'ammoniaque détermine la formation d'un abondant précipité dans l'eau minérale préalablement mêlée à une dissolution de sel ammoniac, et la liqueur séparée par filtration du précipité d'oxalate de chaux donne, par l'addition d'un peu de phosphate de soude et d'un excès d'ammoniaque, un précipité de phosphate ammoniaco-magnésien.

L'eau de Koussats contient une quantité relativement assez considérable d'iode, car j'ai pu y constater la présence de ce corps de la manière la plus nette, en n'opérant que sur cinquante grammes d'eau.

Je crois inutile de donner le détail des procédés auxquels j'ai eu recours pour doser chacune des substances contenues dans l'eau de Goza-no-You. Ces procédés sont ceux qui sont généralement suivis par les chimistes en pareil cas.

Un kilogramme d'eau a fourni :

| | | |
|---|---|---|
| Acide sulfurique.............. | 3 gr. | 0810 |
| — chlorhydrique............ | 0 | 7720 |
| — phosphorique........... | 0 | 0018 |
| — silicique............... | 0 | 2600 |
| — borique............. .. | | traces |
| Iode...................... | 0 | 0050 |
| Fluor.................... | | traces |
| Fer (sesquioxyde)........... | 0 | 3214 |

| | | |
|---|---|---|
| Alumine........................... | 0 | 2903 |
| Chaux............................ | 0 | 1104 |
| Magnésie......................... | 0 | 0190 |
| Soude............................ | 0 | 0699 |
| Potasse.......................... | 0 | 0270 |
| Total........... | 4 gr. | 9578 |

Il est aisé de se rendre compte du mode de combinaison des éléments qui minéralisent cette eau. En effet, l'acide sulfurique, s'y trouvant en quantité supérieure à celle qui suffirait pour saturer toutes les bases, doit y exister en partie à l'état libre. Il est évident, en outre, que l'hydrogène sulfuré doit aussi être libre et qu'il doit en être de même de l'acide chlorhydrique.

L'eau de Goza-no-You est donc essentiellement minéralisée par des acides libres et par des sulfates. L'existence de l'acide sulfhydrique libre dans l'eau prise à son point d'émergence a pour effet de maintenir le sel de fer au minimum d'oxydation. Tout l'acide chlorhydrique doit être libre et il doit en être de même de l'acide silicique. Il ne me paraît pourtant pas impossible que l'iode y existe à l'état d'iodure de potassium ; car cet iodure n'est pas décomposé par une liqueur acide aussi diluée, cependant je n'oserais pas être trop affirmatif sur ce point. Les sulfates de potasse et de soude pourraient à la rigueur être considérés comme existant en partie à l'état de bisulfates, mais je n'ai pas cru devoir les représenter ainsi, car il résulte des expériences de MM. Favre, Silbermann et Berthelot que les bisulfates de potasse et de soude sont partiellement décomposés par l'eau, et ils doivent l'être à coup sûr dans cette eau minérale, vu la faible quantité de sulfates qu'elle contient.

Je crois donc pouvoir représenter comme il suit la composition de l'eau de cette source, rapportée à un kilogramme :

| | | |
|---|---|---|
| Acide sulfurique libre..... | 1 gr. | 8000 |
| —  chlorhydrique..... | 0 | 7720 |
| —  borique..... | | traces |
| —  silicique..... | 0 | 2600 |

| Iode | 0 | 0050 |
|---|---|---|
| Fluor | | traces |
| Sulfate d'alumine | 0 | 9600 |
| Sulfate de protoxyde de fer | 0 | 5560 |
| — de chaux | 0 | 2680 |
| — de magnésie | 0 | 0570 |
| — de soude | 0 | 1600 |
| — de potasse | 0 | 0500 |
| Phosphate acide de chaux | 0 | 0040 |
| Total | 4 gr. | 8920 |

Je ne puis rien dire de la quantité d'acide sulfhydrique, car l'eau minérale était, comme je l'ai dit plus haut, absolument désulfurée quand je l'ai reçue.

## 2. SOURCE DE ME-NO-YOU.

| Acide sulfurique libre | 4 gr. | 8000 |
|---|---|---|
| — chlorhydrique | 0 | 7720 |
| — borique | | traces |
| — silicique | 0 | 2600 |
| Iode | 0 | 0046 |
| Fluor | | traces |
| Sulfate d'alumine | 0 | 9640 |
| — de protoxyde de fer | 0 | 5700 |
| — de chaux | 0 | 2720 |
| — de magnésie | 0 | 0580 |
| — de soude | 0 | 1660 |
| — de potasse | 0 | 0460 |
| Phosphate acide de chaux | 0 | 0045 |
| Total | 4 gr. | 9171 |

Comme on le voit, la composition de l'eau de cette source est sensiblement la même que celle de la précédente. Il en est ainsi pour les trois suivantes :

### 3. SOURCE DE WACHI-NO-YOU.

*Température 67 degrés.*

| | | |
|---|---|---|
| Acide sulfurique libre........... | 1 gr. | 8050 |
| — chlorhydrique............ | 0 | 7780 |
| — borique.................. | | traces |
| — silicique............... | 0 | 2595 |
| Iode...................... | 0 | 0047 |
| Fluor..................... | | traces |
| Sulfate de protoxyde de fer...... | 0 | 5740 |
| — d'alumine............. | 0 | 9638 |
| — de chaux.............. | 0 | 2721 |
| — de magnésie........... | 0 | 0582 |
| — de soude.............. | 0 | 0659 |
| — de potasse............ | 0 | 0048 |
| Phosphate acide ce chaux......... | 0 | 0048 |
| Total......... | 4 gr. | 9325 |

### 4. SOURCE DE DYIZO-NO-YOU.

*Température 64 degrés.*

| | | |
|---|---|---|
| Acide sulfurique libre. ........ | 1 gr. | 7780 |
| — chlorhydrique libre....... | 0 | 7895 |
| — borique................ | | traces |
| — silicique........ ... | 0 | 2567 |
| Iode...................... | 0 | 0044 |
| Fluor..................... | | traces |
| Sulfate d'alumine.............. | 0 | 9615 |
| — de protoxyde de fer...... | 0 | 5720 |
| — de chaux. ........... | 0 | 2850 |
| — de magnésie........... | 0 | 0508 |

| | | |
|---|---|---|
| Sulfate de soude................ | 0 | 1655 |
| — de potasse............... | 0 | 0460 |
| Phosphate acide de chaux....... | 0 | 0040 |
| Total.......... | 4 gr. | 9434 |

### 5. SOURCE DE KOMPIRA-NO-YOU.

*Température 64 degrés.*

| | | |
|---|---|---|
| Acide sulfurique libre......... | 4 gr. | 6000 |
| — chlorhydrique............ | 0 | 7280 |
| — borique ............... | | traces |
| — silicique........ ........ | 0 | 2400 |
| Iode ....................... | 0 | 0040 |
| Fluor ...................... | | traces |
| Sulfate de protoxyde de fer...... | 0 | 5620 |
| — d'alumine.............. | 0 | 8760 |
| — de chaux............... | 0 | 2845 |
| — de magnésie........ ..... | 0 | 0510 |
| — de soude.............. | 0 | 2490 |
| — de potasse............. | 0 | 0470 |
| Phosphate acide de chaux....... | 0 | 0031 |
| Total........ | 4 gr. | 6416 |

Il est évident, d'après ce qui précède, que les eaux de Koussats doivent jouir d'une grande activité. Il me paraît peu probable qu'on puisse les administrer à l'intérieur, à moins de les étendre avec une assez grande quantité d'eau, de tisane ou de sirops.

### DÉPOTS OU INCRUSTATIONS FOURNIS PAR LES EAUX DE KOUSSATS

J'ai dit plus haut que M. Vidal avait eu la bonté de m'envoyer des dépôts de diverse nature recueillis à Koussats. Ces dépôts étaient contenus dans des flacons portant les n<sup>os</sup> 1, 2, 3 et 4.

Le contenu des deux premiers était du soufre sensiblement pur, provenant de l'action de l'air sur l'acide sulfhydrique.

Le flacon n° 3 contenait une substance cristalline jaunâtre dont la saveur acide, astringente et atramentaire pouvait faire prévoir en partie la composition. Cette substance avait été recueillie sur des pans de mur, à des endroits où s'étaient faits quelques suintements.

Je l'ai trouvée composée comme il suit :

| | |
|---|---|
| Sulfate d'alumine | 43 gr. 632 |
| Chlorure d'aluminium | 1 024 |
| Chlorure de fer | 6 500 |
| Sable siliceux | 4 000 |
| Eau | 44 844 |
| Total | 100 gr. 000 |

Le dépôt contenu dans le flacon n° 4 avait été pris sur les planches qui environnaient les piscines. Il formait sur ces planches de larges incrustations. Ce dépôt est composé pour la majeure partie de silice hydratée, associée à de l'oxyde de fer et à des traces de chaux et d'alumine.

Voici les résultats de mon analyse :

| | |
|---|---|
| Silice | 75 gr. 00 |
| Sesquioxyde de fer | 12 50 |
| Eau | 12 50 |
| Chaux | traces |
| Alumine | — |
| Total | 100 gr. 00 |

Cette composition est fort analogue, pour ne pas dire absolument semblable, à celle de la substance connue sous le nom de Geyserite.

EAU DE KAWARA.

*Température 74° 5.*

L'eau minérale de Kawara est fort différente de celles de Koussats, car elle n'est ni ferrugineuse, ni acide, ni styptique ; mais elle est franchement sulfurée. On observe dans les conduits où elle coule une grande quantité de matière jaune verdâtre d'sposée en masses et en longs filaments flottant au gré du courant, leur consistance est molle et comme gluante.

Cette matière, dont M. Vidal m'a envoyé un échantillon, est essentiellement formée par un amas de conferves incrustées de soufre. Celui-ci est à l'état de cristaux microscopiques, ce sont des octaédres à base rhombe, parmi lesquels on en voit dont la forme est d'une admirable régularité.

L'eau minérale laisse déposer au fond des bassins où on la recueille un dépôt cristallin composé à peu près en entier de sulfate de chaux.

L'eau de Kawara est évidemment une eau minérale sulfurée. Si l'on en juge par l'abondance du soufre qui recouvre les conferves dont je viens de parler, elle doit donner lieu à un dégagement assez abondant d'hydrogène sulfuré, mais je ne puis rien dire de bien précis au sujet de l'état de combinaison sous lequel le soufre y existe, car elle ne contenait plus, quand je l'ai reçue, ni acide sulfhydrique, ni sulfure alcalin, ni hyposulfite.

Un kilog. de cette eau a fourni :

| | | |
|---|---:|---:|
| Sulfate de chaux | 0 gr. | 484 |
| — de magnésie | 0 | 015 |
| — de soude | 0 | 469 |
| — de potasse | | traces |
| Chlorure de sodium | 0 | 506 |
| Silice | 0 | 050 |
| Iode | 0 | 004 |
| Matière organique | 0 | 022 |
| Total | 1 | 547 |

Une analyse exécutée sur une plus grande quantité d'eau permettrait probablement d'y découvrir d'autres substances. Quoi qu'il en soit, l'eau de Kawara est beaucoup moins active que celle de Koussats.

EAU DE KAMI-ISOBÉ-NO-YOU.

*Température 14 degrés.*

Cette eau minérale est certainement la plus remarquable de toutes celles que j'ai eu occasion d'examiner jusqu'à ce jour. Sa composition est telle qu'on peut la considérer à la fois comme une eau salée et comme une eau alcaline. Un litre de cette eau minérale a donné par évaporation 29 gr. 50 de résidu salin composé pour la majeure partie de sel marin. Il n'y a que des traces de potasse, de chaux, de magnésie et de lithine (1).

L'eau de Kami-Isobe-no-You est très-alcaline, elle produit une vive effervescence quand on la traite par un acide.

Un litre de cette eau exige, pour saturer son alcalinité, 4 gr. 58 d'acide sulfurique. Cette alcalinité est due surtout à du bicarbonate de soude, elle est due aussi à du biborate de soude. La quantité d'acide borique contenue dans un litre de cette eau minérale s'élève à 0 gr. 280 et correspond à 0 gr. 404 de borax supposé anhydre ou à 0 gr. 764 de borax cristallisé. Cette richesse en acide borique n'est pas le seul point intéressant que présente l'eau de Kami-Isobé-no-You, elle est encore remarquable par la quantité d'iode qu'elle renferme, car il n'est pas nécessaire de la concentrer pour y constater l'existence d'un iodure, et il suffit d'y ajouter un peu de colle d'amidon et une trace d'eau chlorée pour obtenir immédiatement une coloration bleue.

J'avais dosé l'acide borique à l'état de fluorure de bore et de potassium en ajoutant successivement à l'eau minérale un peu de potasse et de l'acide fluorhydrique pur. Le liquide ayant été évaporé à siccité, j'ai repris le résidu par une solution convena-

---

(1) J'ai trouvé sur les parois de la bouteille un léger dépôt de sesquioxyde de fer et, au fond de la bouteille, quelques cristaux de carbonate de chaux.

blement étendue d'acétate de potasse. Le fluorure double de bore et de potassium qui constituait la matière insoluble a été soumis à des lavages avec de l'alcool à 80 degrés pour lui enlever l'excès d'acétate de potasse ; je l'ai fait sécher ensuite et je l'ai pesé. Cent grammes d'eau m'ont fourni 0 gr. 0762, ce qui correspond à 0 gr. 230 d'acide borique par litre. Cette dose élevée d'acide borique m'avait surpris et, quoique j'eusse procédé avec beaucoup de soin, j'ai cru devoir prier M. Dieulafait, professeur à la Faculté des sciences de Marseille, qui venait de publier un Mémoire fort intéressant sur l'existence de l'acide borique dans les eaux salées en général, de vouloir bien examiner, par le procédé auquel il avait recours (l'analyse spectrale), un échantillon de cette eau. M. Dieulafait a trouvé 0 gr. 280 d'acide borique, chiffre supérieur à celui que j'avais obtenu. Je crois que la différence tient à ce que, mon analyse ayant porté sur une faible quantité d'eau (cent grammes) et le fluoborate alcalin n'étant pas rigoureusement insoluble dans la solution d'acétate de potasse, j'ai pu avoir un résultat moins exact. Quoi qu'il en soit, la dose d'acide que j'ai trouvée est elle-même très-élevée.

En résumé, je crois pouvoir représenter comme il suit la composition de l'eau de Kami-Isobé-no-You, rapportée à un litre :

| | | |
|---|---:|---:|
| Bicarbonate de soude............ | 7 gr. | 987 |
| — de potasse............ | | traces |
| — de chaux............ | | traces |
| — de protoxyde de fer.... | 0 | 015 |
| — de lithine............ | | traces |
| — de magnésie........ | | traces |
| Chlorure de sodium............ | 22 | 422 |
| Iodure de sodium............ | 0 | 050 |
| Acide carbonique libre........... | 0 | 140 |
| Total........... | 30 | 614 |

Il me paraît certain qu'une eau minérale ainsi composée pourrait être utilement exploitée, non-seulement au point de vue de son action thérapeutique, mais au point de vue de l'extraction des matières salines qu'elle renferme.

www.ingramcontent.com/pod-product-compliance
Lightning Source LLC
LaVergne TN
LVHW021814060726
842528LV00004B/1319